ACTUACIÓN DE LA MATRONA ANTE LA VIOLENCIA DE GÉNERO

MANUAL PARA MATRONAS Y PERSONAL SANITARIO

Mª Luisa Alcón Rodríguez

Gustavo A. Silva Muñoz

Patricia Álvarez Holgado

© Autores: *Mª Luisa Alcón Rodríguez, Gustavo A. Silva Muñoz, Patricia Álvarez Holgado.*

© por los textos: **Mª José Barbosa Chaves, Estefanía Castillo Castro, Servando J. Cros Otero.**

ACTUACIÓN DE LA MATRONA ANTE LA VIOLENCIA DE GÉNERO

27 de Octubre de 2012

ISBN:978-1-291-15469-6

1ª Edición

Impreso en España / Printed in Spain

Publicado por Lulú

INDICE

CAPÍTULO 1: 7

Introducción, definición y tipos de violencia de género.

Autores: Gustavo A. Silva Muñoz, Servando J. Cros Otero, , Mª Luisa Alcón Rodríguez.

CAPÍTULO 2: 12

El proceso de la violencia de género

Autores: Servando J. Cros Otero, Patricia Álvarez Holgado, Estefanía Castillo Castro.

CAPÍTULO 3: 16

Consecuencias de la violencia de género durante la gestación.

Autores: Mª José Barbosa Chaves, Servando J. Cros Otero, Estefanía Castillo Castro.

CAPÍTULO 4: 18

Dificultades para identificar la violencia de género. Indicadores de sospecha. Recomendaciones para la entrevista

Autores: Gustavo A. Silva Muñoz, Patricia Álvarez Holgado, Mª José Barbosa Chaves.

CAPÍTULO 5: 25

Recomendaciones para el personal sanitario. Muestras de interés legal para el personal sanitario ante agresiones. Conclusiones.

Autores: Mª José Barbosa Chaves, Estefanía Castillo Castro, Mª Luisa Alcón Rodríguez.

BIBLIOGRAFÍA. 32

CAPÍTULO 1:

Introducción, definición y tipos de violencia de género.

INTRODUCCIÓN

La violencia contra la mujer es una causa de muerte tan grave como el cáncer y/o accidentes de tráfico. La ONU reconoce la V.G. como una de las principales causas de muertes o invalidez en mujeres de 15-45 años. El Consejo de Europa recoge que el 20-25% de las mujeres de la Unión Europea ha sufrido algún tipo de violencia física a lo largo de su vida. El Consejo de Europa recoge que el 20-25% de las mujeres de la Unión Europea ha sufrido algún tipo de violencia física a lo largo de su vida.

La violencia contra las mujeres ocurre en todas las clases sociales y en todos los paises del mundo y que no es algo alejado de nuestro entorno.

Las mujeres que refieren haber experimentado violencia durante el embarazo se sitúan entre el 4 y el 8 %.La violencia durante el embarazo es más frecuente que la diabetes gestacional, los defectos del tubo neural o la preclampsia.

DEFINICIÓN

La violencia de género es la expresión más radical de discriminación contra la mujer, ya que en su origen, se encuentran las relaciones de jerarquía y poder que ostentan hombres por el hecho de ser tales y en las que la mujer se encuentra en una posición de subordinación culturalmente asignada.

"Todo acto de violencia basado en la pertenencia al sexo femenino que tenga o pueda tener como resultado un daño o sufrimiento físico, sexual o psicológico para la mujer, inclusive las amenazas de tales actos, la coacción o la privación arbitraria de la libertad, tanto si se producen en la vida pública o privada ("Artículo 1 de la

Declaración sobre la Eliminación de la Violencia contra la Mujer. Naciones Unidas, 1994)"

TIPOS DE VIOLENCIA DE GÉNERO

Psicológica. La violencia psíquica aparece inevitablemente siempre que hay otro tipo de violencia. Supone amenazas, insultos, humillaciones, desprecio hacia la propia mujer, desvalorizando su trabajo, sus opiniones... Implica una manipulación en la que incluso la indiferencia o el silencio provocan en ella sentimientos de culpa e indefensión, incrementando el control y la dominación del agresor sobre la víctima, que es el objetivo último de la violencia de género

Física: La violencia física es aquella que puede ser percibida objetivamente por otros, habitualmente deja huellas externas. Se refiere a empujones, mordiscos, patadas, puñetazos, etc, causados con las manos o algún objeto o arma. Es la más visible, y por tanto facilita la toma de conciencia de la víctima.

Sexual. "Se ejerce mediante presiones físicas o psíquicas que pretenden imponer una relación sexual no deseada mediante coacción, intimidación o indefensión" (Alberdi y Matas, 2002). Hasta no hace mucho, la legislación y los jueces no consideraban este tipo de agresiones como tales, si se producían dentro del matrimonio.

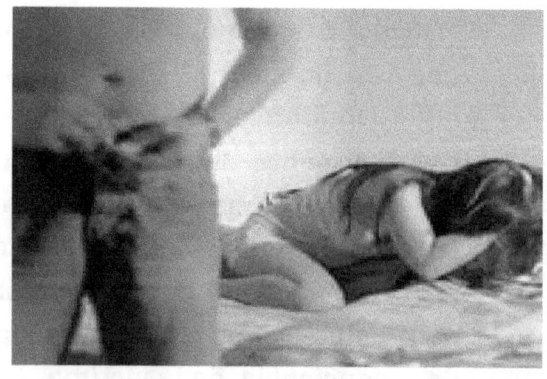

ESCALADA DE LA VIOLENCIA

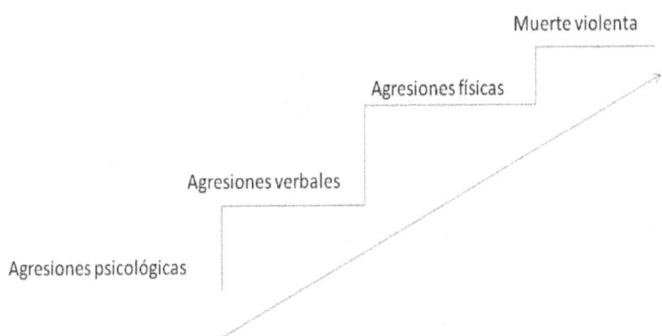

La escalada de la violencia normalmente comienza con agresiones psicológicas, luego pasa a agresiones verbales, continuando con el maltrato físico y llegando en muchas ocasiones a la muerte.

CAPÍTULO 2:

El proceso de la violencia de género

En el caso de violencia de pareja, lo más frecuente es el comienzo del maltrato con conductas de abuso psicológico en el inicio de la relación, que suelen ser atribuidas a los celos del hombre o a su afán de protección de la mujer.

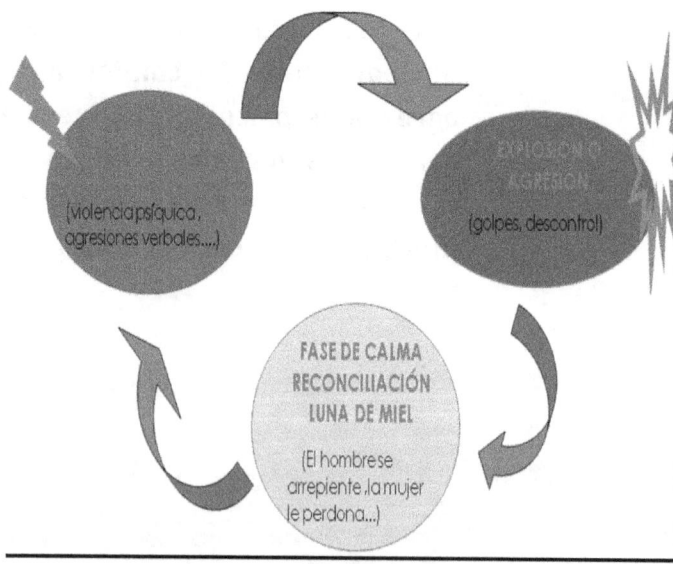

Ciclo de la violencia de Leonor Walker

La Teoría del Ciclo de la Violencia de Leonor Walker plantea que este fenómeno comprende tres fases:

Acumulación de tensión: Se caracteriza por una escalada gradual de la tensión, donde la hostilidad del hombre va en aumento sin motivo comprensible y aparente para la mujer. Se intensifica la violencia verbal y pueden aparecer los primeros indicios de violencia física. Se presentan como episodios aislados que la mujer cree puede controlar y que desaparecerán. La tensión aumenta y se acumula.

Explosión o agresión: Estalla la violencia y se producen las agresiones físicas, psicológicas y sexuales. Es en esta fase donde la mujer suele denunciar o pedir ayuda.

Calma o reconciliación o luna de miel: En esta fase el maltratador manifiesta que se arrepiente y pide perdón a la mujer. Utiliza estrategias de manipulación afectiva (regalos, caricias, disculpas, promesas) para evitar que la relación se rompa. La mujer a menudo piensa que todo cambiará. En la medida que los comportamientos violentos se van afianzando y ganando terreno, la fase de reconciliación tiende a desaparecer y los episodios violentos se aproximan en el tiempo.

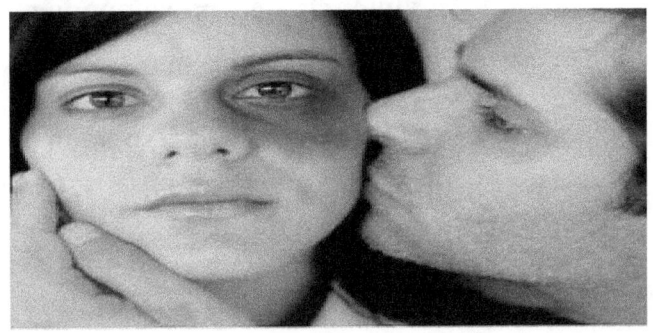

CAPÍTULO 3:

Consecuencias de la violencia de género durante la gestación.

La violencia de género puede producir importantes trastornos en la pareja tanto a nivel físico, psicológico, social y sexual. A continuación iremos nombrando los principales problemas que derivan de éstos:

- **ÁMBITO PSICOLÓGICO**

Problemas de salud mental: trastornos del ánimo, depresiones severas, trastornos obsesivos-compulsivos, trastornos en la conducta alimentaria, trastornos en el sueño, síndrome de estrés postraumático (STPT), miedo y ansiedad, sentimiento de vergüenza, conducta extremadamente dependiente, suicidio...

- **ÁMBITO SEXUAL**

Disfunciones sexuales, obligación ejercida por parte del hombre de la práctica de abortar, abuso, acoso y violaciones, fobias sexuales.

- **ÁMBITO FÍSICO**

Lesiones diversas como contusiones, traumatismos, heridas, quemaduras,... que pueden producir discapacidad Deterioro funcional, síntomas físicos inespecíficos... (por ejemplo cefaleas)

- **ÁMBITO SOCIAL**

Aislamiento social, pérdida de empleo absentismo laboral, disminución del número de días de vida saludable...

CAPÍTULO 4:

Dificultades para identificar la violencia de género. Indicadores de sospecha. Recomendaciones para la entrevista

DIFICULTADES PARA IDENTIFICAR LA V.G

POR PARTE DE LA MUJER

- Miedos (a la respuesta de su pareja, a no ser entendida y ser culpabilizada, a que no se respete la confidencialidad, a no ser capaz de iniciar una nueva vida, a las dificultades económicas, judiciales, sociales, a lo que ocurra con sus hijos o hijas...)
- Baja autoestima, culpabilización
- Padecer alguna discapacidad, ser inmigrante, vivir en el mundo rural o en situación de exclusión social
- Dependencia económica. Estar fuera del mercado laboral
- Vergüenza y humillación
- Deseo de proteger a la pareja
- Desconfianza en el sistema sanitario
- Minimización de lo que le ocurre (a veces no son conscientes de su situación y les cuesta identificar el peligro y su deterioro)
- Aislamiento y falta de apoyo social y familiar
- Valores y creencias culturales (si la sociedad lo tolera, ellas también)
- Están acostumbradas a ocultarlo

POR PARTE DEL PERSONAL SANITARIO

- No considerar la violencia como un problema de salud
- Experiencias personales respecto a la violencia
- Creencia de que la violencia no es tan frecuente
- Miedo a ofenderla, a empeorar la situación, por su seguridad o por la propia integridad
- Desconocimiento de las estrategias para el manejo de estas situaciones

EN EL CONTEXTO DE LA CONSULTA

- Falta de privacidad e intimidad
- Dificultad en la comunicación (idioma, discapacidad, etc.)
- La mujer viene acompañada del maltratador.
- Sobrecarga asistencial
- Escasa formación en habilidades de comunicación en la entrevista clínica

INDICADORES DE SOSPECHA

En situaciones de violencia de género, "las matronas podemos hacer visible lo invisible"

Las matronas, que atendemos a las mujeres de forma integral durante su vida reproductiva, nos encontramos en una situación privilegiada para detectar y abordar la violencia de género. Los principales indicadores que nos pueden hacer sospechar de una violencia de género se enumeran a continuación:

- Lesiones frecuentes

- Abuso de alcohol, drogas y psicofármacos

- Síntomas físicos frecuentes (cefaleas, mareos, molestias gastrointestinales y pélvicas...)

- Síntomas psicológicos frecuentes (insomnio, depresión, ansiedad, intentos de suicidio...)

- Historia obstetrico-ginecológica

desfavorable:

- ✓ Antecedentes de partos prematuros
- ✓ Retraso del crecimiento intrauterino
- ✓ Abortos de repetición
- ✓ Deficiente aumento de peso ponderal de la gestante
- ✓ Disminución en la percepción de movimientos fetales

Disfunciones sexuales (vaginismo, dispareunia, deseo sexual inhibido...)

- Utilización de los Servicios Sanitarios:
    - ✓ Incumplimiento de citas y tto.
    - ✓ Acceso tardío a la atención prenatal
    - ✓ Uso repetitivo del Servicio de urgencias
    - ✓ Acudir con la pareja cuando antes no lo hacía
- Actitud de la mujer en la consulta
    - ✓ Nerviosa, incómoda, irritada, p.ej.se altera al abrirse la puerta
    - ✓ Rasgos tristes, depresiva, desilusionada…
    - ✓ Vestimenta que puede ocultar lesiones
    - ✓ Justifica sus lesiones

✓ Si está presente su pareja:

– Temerosa en las respuestas

– Busca constantemente su aprobación.

RECOMENDACIONES PARA LA ENTREVISTA

A la hora de realizar una entrevista con alguien que ha podido tener algún tipo de maltrato, se recomienda:

* Ver a la mujer sola, asegurando la confidencialidad

* Observar las actitudes y el estado emocional

* Facilitar la expresión de sentimientos

* Mantener una actitud empática

* Empezar con preguntas generales e indirectas y continuar con otras más concretas y directas

* Decirle que nunca está justificada la violencia.

CAPÍTULO 5:

Recomendaciones para el personal sanitario. Muestras de interés legal para el personal sanitario ante agresiones. Conclusiones.

RECOMENDACIONES PARA EL PERSONAL SANITARIO

Todo personal sanitario ante cualquier sospecha de violencia de género debe:

- Preguntar con regularidad, cuando sea factible, a todas las mujeres sobre la existencia de violencia doméstica, como tarea habitual dentro de las actividades preventivas.

- Estar alerta a posibles signos y síntomas de maltrato y hacer su seguimiento.

- Ofrecer atención sanitaria y registrarla en la historia de salud o historia clínica.

- Informar y remitir a las pacientes a los recursos disponibles de la comunidad.

- Mantener la privacidad y la confidencialidad de la información obtenida.

- Estimular y apoyar a la mujer a lo largo de todo el proceso, respetando su propia evolución.

- Evitar actitudes culpabilizadoras ya que pueden reforzar el aislamiento.

- Establecer una coordinación con otros profesionales e instituciones.

MUESTRAS DE INTERÉS LEGAL PARA EL PERSONAL SANITARIO ANTE AGRESIONES.

* Tomar muestras de semen, sangre u otros fluidos en superficie corporal y mantenerlo refrigerado (4-8°C).

* Tomas vaginales (o anal o bucal) para investigación de esperma (4-8°C).

* Inspección vulvo-vaginal: detallar heridas, hematomas, contusiones, desgarros himeneales en mujeres que no han mantenido nunca relaciones sexuales.

* Tacto bimanual: para determinar tamaño, forma, consistencia y movilidad uterina.

* Recortes de limpieza de uñas (posible piel del agresor).

* Peinado púbico de la mujer

agredida (posible vello del agresor).

★ Ropas de la paciente relacionadas con la supuesta agresión (colocando cada prenda en bolsa independiente y rotulada)

La rotulación de las muestras se hará con nombre de la paciente, fecha y firma del profesional. Las distintas muestras se introducirán en sobre con nombre de la mujer dirigido a medicina forense del Juzgado de Guardia.

Con respecto a la analítica haremos:

- Determinar grupo sanguíneo y Rh de la paciente
- Prueba de tóxicos
- Prueba de embarazo

- Infecciones de transmisión sexual:

    – Cultivo despistage de gonorrea y Clamidias: hacer uno inicial y a los 7 días.

    – Sífilis: hacer uno inicial y a las seis semanas.

    – VIH: hacer uno inicial, a las seis semanas, y a los 3 y 6 meses.

    – Hepatitis B: hacer uno inicial y a las seis semanas

En caso de sospecha de embarazo debemos de realizar una profilaxis según los casos:

- Si ha habido un método anticonceptivo efectivo, no realizaremos profilaxis

- Si han pasado menos de 72 h. desde la agresión, indicaremos una contracepción postcoital hormonal

- Si han pasado más de 72 h. y menos de 5 días de la agresión la PPC(píldora postcoital) no se considera eficaz ,por lo que se indicará la colocación de un DIU .

- Se indicará una prueba de embarazo a las 2-3 semanas

-Informar de que en caso de embarazo puede optar a su interrupción según los supuestos legales

CONCLUSIONES

La matrona respecto a la Violencia de Género debe:

1. Detención de casos (Hª Clinica, folletos informativos...)

2. Derivación de estas mujeres a Centros y Profesionales Especialistas(equipo multidisciplinar: psicólogos, asistentes sociales...

3. Atención de estas mujeres física y psíquicamente (empatía, acompañamiento, apoyo...)

4. Informar posibles alternativas que tiene la mujer agredida (informar es considerado intervención terapéutica)

5. Continuidad en las visitas o seguimiento de los casos (sobre todo en A.P)

6. Sensibilizar y formar a otros profesionales para detectar casos de Violencia

BIBLIOGRAFÍA:

1. Protocolo Andaluz para la Actuación Sanitaria ante la Violencia de Género- Red Andaluza de Formación contra el Maltrato a las Mujeres (Red Formma) 2007

2. Guía de práctica clínica-Actuación en salud mental con mujeres maltratadas por su pareja-Región de Murcia, Consejería de Sanidad y Consumo

3. [Relationship between domestic violence during pregnancy and risk of low weight in the newborn].Article in Spanish Collado Peña SP, Villanueva Egan LA.

4. Hospital General Dr. Manuel Gea González, Secretaria de Salud. Ginecol Obstet Mex. 2007 May;75(5):259-67.PubMed

5. La matrona ante la violencia doméstica. C.Terré Rull. Unidad Docente de Matronas de Cataluña. Matronas Profesión.

6. Validación de la versión corta del Woman Abuse Screening Tool para su uso en atención primaria en España Juncal Plazaola-Castañoa / Isabel Ruiz-Péreza/ Elisa Hernández-Torresba Escuela Andaluza de Salud Pública, Granada, España, y CIBER Epidemiología y Salud Pública (CIBERESP);Hospital Universitario Virgen de las Nieves, Granada. España.

7. Ministerio de Sanidad, Política social e Igualdad. Delegación del gobierno para la violencia de género.

8. SERNAM (Servicio Nacional de la Mujer). Prevalencia de la violencia intrafamiliar, detección y análisis. Documento de trabajo. Versión preliminar. Gobierno de Chile, Santiago, 2001

www.ingramcontent.com/pod-product-compliance
Lightning Source LLC
Chambersburg PA
CBHW072309170526
45158CB00003BA/1253